Rainer Nemayer

ATOMKRAFT, NEIN DANKE?

Atomkraft, nein danke?

© Copyright: Rainer Nemayer 2014

ISBN: 978-1-326-11798-6

Verlag: Lulu
http://www.lulu.com

Herausgeber:
Rainer Nemayer
Berliner Straße 68
D72456 Albstadt

Das Werk einschließlich aller Inhalte ist urheberrechtlich geschützt. Alle Rechte vorbehalten. Nachdruck oder Reproduktion (auch auszugsweise) in irgendeiner Form (Druck, Fotokopie oder anderes Verfahren) sowie die Einspeicherung, Verarbeitung, Vervielfältigung und Verbreitung mit Hilfe elektronischer Systeme jeglicher Art, gesamt oder auszugsweise, ist ohne ausdrückliche schriftliche Genehmigung des Verlages oder des Autors untersagt. Alle Übersetzungsrechte vorbehalten.

Inhaltsverzeichnis

Vorwort. 7
Energie und Wirtschaft. 15
Wie ist das Problem zu lösen? 25
Nachsatz..31
Über den Autor. 33

Vorwort

Ist die Abschaltung der Atomkraftwerke wirklich eine gute Lösung des Problems?
Auch ich bin kein Freund der Atomenergie.
Diese Art der Stromerzeugung beinhaltet einiges an Risikofaktoren, wie an den Unfällen in der Vergangenheit deutlich zu sehen war.
Dennoch bin ich er Meinung, dass es leider keinen anderen Weg gibt um den steigenden Energiebedarf zu decken.
Einige Leser wollen hier Fakten sehen.
Folgendes, trifft besonders auf Deutschland zu.
Hier sehen Sie, die Entwicklung des Strompreises.
Ich glaube, das reicht als Beweis.

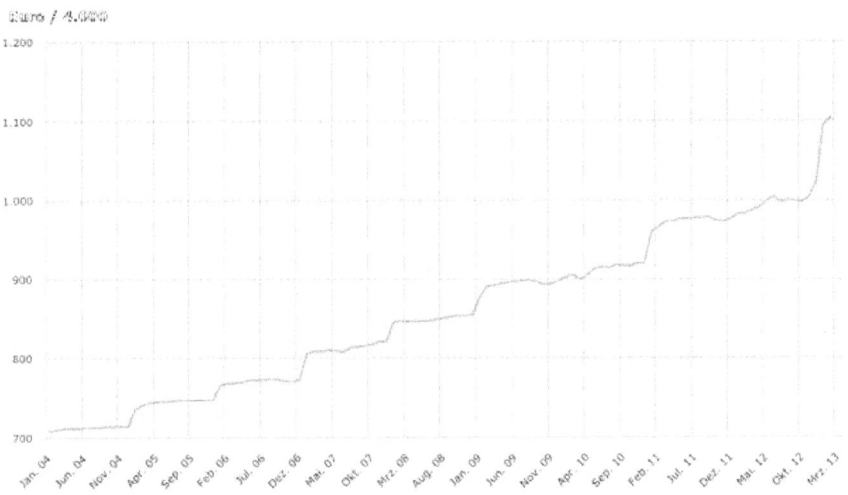

Das sagt eigentlich mehr, als 1000 Worte.
Durch den Euro erscheint vielen Leuten, der heutige Strompreis

annehmbar.
Rechnen wir ihn in die alte Währung um, sieht das Ergebnis anders aus.
Dann kostet 2014 der Strom pro Kilowatt 50 bis 60 Pfennig.
Sicher, der Ausstieg aus der Atomenergie kostet viel Geld.
Aber können und sollen das die Verbraucher zahlen?
Atomkraftgegner sehen ihre Ansicht, oft als Religionsersatz.
Die deutsche Regierung, zieht hier mit.
Oder gibt es hier, handfeste wirtschaftliche Interessen?
Selbst der Import von Erdgas wäre nicht nötig, wenn die elektrische Energie billiger wäre.
Und das Risiko?
Zunächst natürlich, die Abhängigkeit von den Exportländern.
Dann natürlich auch die Gasexplosionen.
Ich glaube dass hierdurch bisher mehr Schaden entstanden ist, als durch die Atomenergie.
Bei einem Ausstieg aus der Atomenergie, muss auch Strom aus der teilweise unsicheren Atomkraftwerken, aus anderen Ländern importiert werden.
Finden Sie das richtig?

**Ein weiterer Punkt:
Was brigt der Atomausstieg in Deutschland, wenn gleich hinter den deutschen Grenzen Atomkraftwerke stehen?**

Hier das Buch, dass ich schon vor einigen Jahren geschrieben habe.
Leider ist es heute noch aktuell.
Ich werde hierfür sehr schlechte Rezensionen erhalten.
Aber ich lasse mich von der Augenwischerei einiger Gruppen, nicht unterkriegen,
Die Schreiber der Rezension, wollen meistens die Wahrheit nicht sehen.
Es klingt zuerst widersinnig, aber gerade aus Gründen des Umweltschutzes bleibt nur diese Möglichkeit.
Durch Ökostrom kann zwar der momentane Energiebedarf gedeckt werden, aber für eine gesunde Umwelt ist ein weit höherer

Energiebedarf einzuplanen.
Weitere Informationen hierzu, folgen in diesem Buch.
Ein weiterer Punkt:
Wollen Sie eine Windkraftanlage vor Ihren Fenster?

© Wilhelmine Wulff / PIXELIO

Oder wollen Sie eine der neu geplanten Fernleitungen neben dem Haus ?

hertzBB / pixelio.de

© Martin Berk / PIXELIO

Sicher, die Wahrscheinlichkeit dass Sie davon betroffen sind, ist nur gering.
Aber andere Personen würden dieses Problem haben.
Finden Sie dass gut?
In meinem Buch finden Sie einige Erklärungen und einen Vorschlag, wie das Energieproblem zu lösen wäre.
Hier zunächst ein Artikel, den ich vor einigen Jahren in meinem Buch „Die Welt, das Leben" geschrieben habe und der immer noch aktuell ist:

Energie und Wirtschaft

Zunächst muss ich erwähnen, dass ich eigentlich nicht zu den Befürwortern von Atomkraftwerken zähle.
Aber es gibt leider keine Alternative, die uns preiswerte Energie liefern könnte
Alle Alternativlösungen, die kein Risiko für die Umwelt, aber auch für uns darstellen, können den tatsächlichen Energiebedarf keinesfalls decken und wenn ja, zu welchem Preis?
Hand aufs Herz, wären Sie bereit für die Energie die sie verbrauchen, ein Mehrfaches zu bezahlen?
Auf den gewohnten Komfort zu verzichten und im Winter zu frieren?
Wegen der gestiegenen Kosten Ihren Arbeitsplatz zu verlieren?
Da Sie kein Geld mehr haben zu hungern?
Möchten Sie in einer gesunden Umwelt verhungern?
Nur wenn Sie alle Fragen mit Ja beantworten, können Sie für den Ausstieg aus der Atomenergie sein.
Ich denke allerdings, dann sind Sie Teil einer Minderheit.
Bei einem Ausstieg aus der Atomenergie müssen die Energiekonzerne den Energiebedarf decken.
Dieses ist nur mit Energieimport aus anderen Ländern möglich.
Abgesehen vom Preis und anderen Problemen, entsprechen die Atomkraftwerke nicht den europäischen Sicherheitsstandards.
Das heißt, das Problem wird nur verlagert, das Risiko wird erhöht, aber es wird nicht gelöst.
Alternative Energien sind zwar eine gute Lösung, werden aber in absehbarer Zukunft den Energieverbrauch bei Weitem nicht decken und nur die Preise in die Höhe treiben.
Energie sparen ist gut, löst aber diese Probleme auch nicht. Es darf auch nicht durch Übertreibungen zur Einschränkung der

Lebensqualität führen.
Finden Sie es gut mit dicker Kleidung in einer zu kalten Wohnung zu sitzen?
In der Früh in ein kaltes Badezimmer zu gehen?
Ich nicht und Sie bestimmt auch nicht.
Dieses war nur eines von vielen Beispielen.
Auch die hohen Treibstoffpreise sind ein Ärgernis.
Es ist ein wichtiger Teil der persönlichen Freiheit, sich jederzeit an einen beliebigen Ort zu begeben.
Ohne Bindung an irgendwelche Fahrpläne und ohne sich in meist überfüllte Busse und Bahnen zu Quetschen.
Die einzige vernünftige Möglichkeit hierfür ist das eigene Auto.
Viele werden sagen, das Fahrrad ist eine vernünftige und gesunde Alternative.
Das stimmt leider nicht.
Außer das es keinerlei Schutz vor schlechtem Wetter hat, ist es ein unsicheres und für alle Verkehrsteilnehmer gefährliches Fortbewegungsmittel.
Es ist Instabil und normalerweise langsamer als der fließende Verkehr.
Zur sportlichen Betätigung ist das Fahrrad allerdings sehr gut.
Ich empfehle Dieses in geschlossenen Sportgeländen einzusetzen.
So bleibt das Auto die einzige Möglichkeit.
Alternative Antriebsformen sind in Entwicklung, aber in absehbarer Zeit nicht ausgereift.
Das Auto braucht Treibstoff.
Dieser wird normalerweise aus Erdöl gewonnen.
Das Endprodukt wird immer teurer.
Man neigt dazu, den Ölmultis die Schuld zu geben.
Aber der Preis wird durch Sondersteuern und sonstigen Abgaben oben gehalten.
Rechnen Sie die Steuern, Umweltabgaben usw. von einem Liter

Benzin oder Diesel aus und schauen dann, was danach noch übrig ist.
Durch dieses falsche Umweltbewusstsein entsteht auch ein enormer Schaden für die Wirtschaft.
Nicht nur dass Kaufkraft abgeschöpft wird, es gehen auch Arbeitsplätze verloren.
Durch den Versuch, durch höhere Preise die Autobenutzung einzuschränken geht auch ein Teil unserer Freiheit verloren.
Als mündiger Bürger sollte man selber Entscheiden, wie viel das Auto benutzt wird.
Aufgabe des Staates ist für günstige Treibstoffpreise und autogerechte Städte zu sorgen, damit der Bürger diese Freiheit hat.
Auch ich bin dafür, die Umwelt zu schützen. Der richtige Weg ist, Fahrzeuge zu entwickeln, die weniger Abgas erzeugen.
Diese werden mit der Zeit die alten Fahrzeuge, auch ohne Zwang ablösen.
Höhere Steuern für alte Fahrzeuge und Ähnliches halte ich wiederum für eine unnötige Gängelung.

Georg Sander / pixelio.de

Mit der Zeit werden sich Elektroautos weiter verbreiten.
Der Stromverbrauch wird hierdurch enorm zunehmen.
Den Rest lesen Sie am Anfang dieses Artikels.
Sogenannte Umweltschützer und Atomkraftgegner versuchten wiederholt die Entsorgung von Atommüll zu verhindern.
Ein großer Teil sind nur Mitläufer. Sie teilen einfach die Überzeugung ihrer Freunde.
Diese können scheinbar nicht über die Folgen ihres Gedankenganges nachdenken.
Abgesehen von der Einstellung, dass der Atommüll nicht an diesen Platz eingelagert werden soll und daher in ein anderes Land kommt, führt diese Einstellung zurück in das Mittelalter.
Wäre Dieses eine Alternative für Sie?

Soweit der Artikel aus meinem Buch.
Hier ist schon grundlegendes gesagt.

Sicher, durch die Katastrophe in Japan hat sich die Kritik an der Atomenergie erheblich verschärft.
Dennoch halte ich es für falsch, übertriebene und panikartige Reaktionen zu zeigen.
Ich denke auch, das es in nächster Zeit weitere Reaktorkatastrophen geben wird.
Viele Länder können sich einen Ausstieg aus der Atomenergie nicht leisten.
Andere Länder, wie China, bauen neue Atomkraftwerke oder haben den Bau geplant.
Die Länder, welche sich den Ausstieg aus der Atomenergie nicht leisten können, haben oft auch überalterte und unsichere Anlagen.
Hier erwarte ich die nächste Katastrophe.
Das Energieproblem und der Umweltschutz.

Strom aus ökologischer Produktion, könnte den momentanen Bedarf decken.
Aber um die Umwelt zu schonen, ist weit mehr nötig.
Um unsere Arbeitsplätze zu sichern, braucht die Wirtschaft immer mehr Energie.
Diese Energie sollte auch nach Möglichkeit, sehr preiswert sein.
Hier wird der Energiebedarf weiter steigen und die Energie darf nicht teurer werden. Besser wäre eine Verbilligung. Diese ist nötig, um international konkurrenzfähig zu bleiben.
Einige Betriebe könnten und werden auf Verbrennungsenergie umsteigen, was auch mit modernsten Filteranlagen einen Schaden für die Umwelt darstellt.
Oder es werden weitere Betriebe in andere Länder ausweichen.
Ökostrom wird schon hier scheitern, weil der steigende Energieverbrauch nicht zu den nötigen günstigen Preisen zu bewerkstelligen ist.
Ein weiteres Problem für die Umwelt ist der Straßenverkehr.

Millionen von Verbrennungsmotoren, verpesten unsere Umwelt.
Eine Technik, die eigentlich schon lange in das Museum gehört.
Ökologischer Treibstoff aus Pflanzen ist hier auch keine Lösung.
Solange in vielen Teilen der Welt noch Menschen verhungern, ist es besser, die Anbauflächen zur Nahrungsmittelproduktion zu nutzen.
Wenn der Bedarf am pflanzlichen Grundstoffen, zur Treibstoffproduktion steigt, werden genau die Länder in denen die ärmsten Menschen leben, diese Pflanzen anbauen und exportieren.
Sie denken vielleicht, das würde den Einwohnern dieser Länder Arbeit und Geld bringen?
Leider nein.
Die Konzerne, die hier Geld verdienen wollen, benutzen die modernste Technik und reduzieren so ihre Arbeitskräfte oder sie zahlen einen Billiglohn.
Die Leute, die hier arbeiten, erhalten einen Lohn, mit dem sie weiterhin hungern.
Es ist die moderne Form der Sklaverei.
Die einzige Alternative ist der Elektroantrieb.

© Kurt F. Domnik / PIXELIO

Dieser ist eigentlich schon eine uralte Erfindung.
Haben Sie als Kind auch Micky Maus Hefte gelesen?
Oma Duck fuhr ein Elektromobil.
Ich glaube nicht, dass die Macher der Hefte, diese Sache erfunden haben.
Ich denke eher, diese Erfindung gab es schon vor langer Zeit.
Nur wurde, vielleicht aus finanziellen Gründen, die Weiterentwicklung stark gebremst.
Heute ist es bereits möglich, Elektroautos mit einer durchaus ausreichenden Leistung zu bauen.
Die Nachteile zum Verbrennungsmotor sind bereits heute zumutbar.
Dennoch muss jetzt die Entwicklung schnellstens voran getrieben werden.
Auch der Schwerlastverkehr muss in Zukunft mit dieser Technik funktionieren.

Wenn sämtliche Kraftfahrzeuge zum laden an eine Steckdose müssen, ist ein wesentlich höherer Bedarf an elektrischer Energie gegeben.
Dafür ist der Umweltschutz um einiges besser.
Dennoch muss der Strom produziert werden.
Und die Energiepreise müssen sich in einen vernünftigen Rahmen halten.
Ich bin der Meinung, dass Dieses mit erneuerbaren Energien nicht oder nur unzureichend möglich ist.
Eine Lösung wäre der Import von elektrischer Energie.
Diese wird in anderen Ländern, in teilweise veralteten und unsicheren Atomkraftwerken produziert.
Mit dieser Lösung wäre das Problem nicht gelöst, sondern nur verlagert.
Auch wäre es für die Umwelt nur förderlich, wenn Heizungen, Küchen, industrielle Produktion und einige andere Dinge, sauber mit Strom betrieben werden.
Auch die Dreckschleudern, die sich Kraftwerke nennen, und durch Verbrennung betrieben werden, müssten schleunigst und sogar noch vor den Atomkraftwerken, ausrangiert werden.
Selbst mit den modernsten Filteranlagen, werden hier noch enorme Mengen von Schadstoffen in unsere Atemluft geblasen.
Und Energie sparen?
Es ist eigentlich nur ein Tropfen auf einen heißen Stein.
Politik und Wirtschaft wollen hier die Betroffenen für dumm verkaufen.
Die Kosten liegen hier oft in einen Bereich, wo es viele Jahre dauert, in die Gewinnzone zu kommen.
Oft ist es möglich, dass das Objekt, wo die Energie eingespart wird, nicht so lange hält.
Das gleich trifft leider auch auf Solaranlagen zu.
Ein Beispiel ist auch die gewaltsame Einführung der

Energiesparbirne.
Diese bietet zwar eine Einsparung von Energie, ist aber in ihren Bestandteilen alles Andere als umweltfreundlich. Sie ist um ein Vielfaches teurer als die alte Glühbirne. Nach meiner Erfahrung konnte ich auch keine viel längere Haltbarkeit feststellen.
Das Licht ist nach Meinung meines Augenarztes, nicht gut für die Augen und die Einsparung gleicht auf meiner Stromrechnung, nicht die Mehrkosten für die teuren Birnen aus.
Zusätzlich lässt mit der Zeit die Lichtleistung nach.
Dann ist es bereits an der Zeit, über eine Neuanschaffung nachzudenken.
Energiesparen finde ich gut, solange es in einen vernünftigen Rahmen bleibt.
Dennoch ist es nötig, ausreichend preiswerten Strom zur Verfügung zu haben.
Der Ökostrom kann hier auf jeden Fall, einen Teil des Energiebedarfes decken.
Auch halte ich es für möglich, dass Dieser in einigen Regionen den Strombedarf decken kann.
Auch die guten, alten Wasserkraftwerke liefern einiges an Energie und sind durchaus in der Lage, ihre Umgebung zu versorgen.
Dennoch, insgesamt führt kein Weg an der Versorgung aus Atomkraftwerken vorbei.
Diese sind in der Lage den erhöhten Energiebedarf zu decken ohne unsere Umwelt zu verpesten.
Atomkraftgegner und einige Umweltschützer hetzen sich gegenseitig auf.
Hier ist eine vernünftige Diskussion leider nicht mehr möglich.
Der Ökostrom wird angeboten und verkauft.
Aber wenn Sie diese alternative Energie beziehen, fördern Sie den Ausbau der Produktion nur mit Ihrer finanziellen Hilfe.
Der Strom, der aus Ihrer Steckdose kommt, kann genauso in einem

Atomkraftwerk produziert worden sein.
Seien Sie hier auch vorsichtig, beim Abschluss eines Vertrages.
Es gibt auch hier Unternehmen, die aus der momentanen Lage nur Gewinn erzielen wollen.Seien Sie vorsichtig und leisten Sie keine Vorauszahlungen.

Wie ist das Problem zu lösen?

Ich habe lange darüber nachgedacht, wie dieses schwierige Problem zu lösen ist.
Gibt es überhaupt eine Lösung, die allen Anforderungen gerecht wird?
Ich sage: Nein.
Die Atomenergie ist nötig, um dem zukünftigen Energiebedarf zu decken.
Ein Restrisiko wird immer bestehen.
Aber es ist möglich, dieses noch enorm zu reduzieren.
Als erstes ist es nötig, dass die Energieversorgung regional getrennt wird.
Für den Ausgleich in der Stromversorgung, sind so die vorhandenen Fernleitungen ausreichend.
In den Gebieten, wo Strom aus Wasserkraftwerken, Windkraftwerken oder in Zukunft auch aus anderen Quellen, beispielsweise Solarkraftwerken erzeugt wird, soll die Versorgung auch durch diese Energielieferanten vorgenommen werden.
Atomkraftwerke sind hier unnötig und sollten sofort abgeschaltet werden.
Für die notwendigen vorhandenen Reaktoren nach alter Bauart ist es leider nötig, eine Übergangsfrist bis zur Abschaltung, zu bestimmen.
Handelt es sich hierbei um eine lange Zeit, muss leider ein Umkreis von mindestens 20 Kilometer geräumt und zur Gefahrenzone erklärt werden.
Um den Energiebedarf zu decken, leider noch viele weitere Atomkraftwerke nötig.
Aber wie sind Diese, praktisch ohne Risiko oder mit nur einem geringen Restrisiko zu betreiben?

Es gibt nur eine Lösung.
Diese ist zwar aufwändig und teuer, aber es führt kein Weg daran vorbei.
Dafür wird der Ausbau in vielen Gegenden zur Belebung des Arbeitsmarktes beitragen.
Die Atomkraftwerke müssen weit unter die Erde.
Nur so kann verhindert werden, dass bei einen Unfall oder bei einer Kernschmelze, Strahlen in bewohnte Gebiete an der Oberfläche kommen können.
Sie denken vielleicht, die Idee ist Blödsinn?
Ist ihnen bewusst, das sogar bei unterirdischen Atomversuchen eine enorme Reduzierung der Strahlung erreicht wurde?

Rainer Klinke / pixelio.de

Und das die Strahlung bei Atombomben um ein Vielfaches höher ist, als bei der größten möglichen Katastrophe in einen Atomkraftwerk.
Sie sehen, es gibt nur diese Lösung.
Ich sehe auch für viele gebiete eine gute Lösung, die sich anbietet und in der Praxis einfacher zu bewerkstelligen und auch preiswerter ist.

© Dieter Schütz / PIXELIO

In vielen Gegenden gibt es stillgelegte Bergwerke.
Diese reichen bis weit unter die Erde.

Hier bietet sich ein Ausbau als Atomkraftwerk an.
Sicher, auch hier muss die Sicherheit beachtet werden.
Es muss auch der Verlauf der Wasseradern berücksichtigt werden, damit auch hier keine Radioaktivität in das Trinkwasser und an die Oberfläche kommen kann.
Die Stollen müssen auch erdbebensicher ausgebaut werden.
Aber dieses hört sich nur schwierig an.
Es ist aber durchaus machbar.
Auch wirksame Terroranschläge, sind hier praktisch unmöglich.
Selbst das Risiko von Flugzeugabstürzen und ähnlichen Möglichkeiten ist hier ausgeschaltet.
Gibt es eine Katastrophe, ist zwar das Kraftwerk zerstört, aber es gibt keine Folgeschäden in der Umgebung.
Wo die Voraussetzungen mit bereits vorhandenen, stillgelegten unterirdischen Anlagen nicht gegeben sind, müssen leider die aufwändigen Arbeiten eines Neubaus ausgeführt werden.
Für Kohlekraftwerke und ähnliche Dreckschleudern, sehe ich keine Zukunft.

Dr. Klaus-Uwe Gerhardt / pixelio.de

Diese vergiften nur unsere Atemluft und unsere Umwelt.

Nachsatz:

Wie Sie hier gelesen haben, ist die Einstellung „Atomkraft, nein danke" nur auf den ersten Blick zu vertreten.
In der Praxis führt diese nur dazu, die Energiepreise steigen zu lassen und zu einer unsicheren Energieversorgung.
Auch der Umweltschutz bleibt hier auf der Strecke.
Aber es gibt auch vernünftige Lösungen.
Sicher, diese werden nicht allen Personen gerecht.
Aber, ohne einen vernünftigen Kompromiss sind diese Probleme nicht in den Griff zu bekommen.
Es gibt auch hier, wie in vielen Dingen, keine Lösung, die allen Menschen gerecht wird.
Ich halte meine Vorschläge für die vernünftigste Lösung.

© Frainer Sturm / PIXELIO

Über den Autor

Hier muss ich ein wenig über mich schreiben.
Ich bin im Juli 1945 in Oberbayern geboren.
Bis zu meinem 7. Lebensjahr lebte ich in Deutschland, danach 7 Jahre in Barcelona.
Als ich wieder nach Deutschland kam, habe ich hier die Schule abgeschlossen und danach die Staatslehranstalt für Fotografie und Cinema besucht.
Auch hier habe ich den Abschluss der Fachhochschule erreicht.

Danach habe ich als Fotograf gearbeitet aber auch verschiedene andere Arbeiten ausprobiert.
Ab 1978 habe ich auch schmutzige Markisen gereinigt.
Kurzgeschichten und auch einige Gedichte habe ich schon als Kind geschrieben und auch mit Erfolg veröffentlicht.
1997 bis 2014 habe ich mit Frau und Tochter, wiederum in Spanien gelebt.
Bei meinen Büchern, lege ich Wert darauf, dass die enthaltene Botschaft den Leser erreicht.
Rechtschreibung und Grammatik spielen hier daher nur eine untergeordnete Rolle.
Ich lasse diese allerdings mit Korrekturprogrammen bearbeiten.
Auch für Übersetzungen, ist hier der Übersetzer von Google, völlig ausreichend.
Negative Rezensionen sind aber auch durch Folgendes entstanden:
Ich finde meine Meinung richtig.
Andere nicht.
Ich verlege auch die Bücher von meiner Frau, Katharina Nemayer.
Sie hat auch viel über Tiere geschrieben.
Da sie sich aktiv für den Tierschutz tätig ist, hat sie sich, mit einigen Organisationen gewaltig angelegt.
So erreichen wir folgendes:
Wir haben uns mit folgenden Organisationen gewaltig angelegt:
Politische Parteien.
Religionsgemeinschaften und Sekten.
Nichtraucherinitiativen.
Umweltschützern und ihren Organisationen.
Sogenannten Tiefschutzvereinen, die nur auf Gewinn aus sind.
Sozialhilfebefürwortern, aber auch mit ihren Gegnern.
Negative Rezensionen sind hierdurch vorgegeben.
Vielen Dank für den Kauf dieses Buches.
Rainer Nemayer

www.ingramcontent.com/pod-product-compliance
Lightning Source LLC
Chambersburg PA
CBHW072307170526
45158CB00003BA/1222